U0187768

中国传统服饰文化系列丛书

国家社科基金艺术学重大项目『中华民族服饰文化研究』

国家社科基金艺术学项目『敦煌历代服饰文化研究』

刘元风　主编

绝色敦煌之夜

丝绸之路（敦煌）国际文化博览会服饰精粹

The Perfect Night of Dunhuang

Costume Selection from the International Culture

Exposition on the Silk Road（Dunhuang）

中国纺织出版社有限公司

内 容 提 要

本书精选了由敦煌服饰文化研究暨创新设计中心研究、设计和制作的古代艺术再现服饰和现代创新设计服装，并由主创人员进行创作理念、取材元素和设计过程的详细解析，展示了敦煌服饰文化的魅力和服务于现代生活的创新成果。这些服装曾参与第三届、第四届丝绸之路（敦煌）国际文化博览会"绝色敦煌之夜"重要展演，获得了在场嘉宾和社会的广泛关注和好评。

本书适用于服装理论和设计专业师生学习参考，也可供敦煌服饰文化爱好者阅读典藏。

图书在版编目（CIP）数据

绝色敦煌之夜：丝绸之路（敦煌）国际文化博览会服饰精粹／刘元风主编 . -- 北京：中国纺织出版社有限公司，2021.6
（中国传统服饰文化系列丛书）
ISBN 978-7-5180-8379-4

Ⅰ.①绝⋯ Ⅱ.①刘⋯ Ⅲ.①敦煌学—服饰文化—研究—中国 Ⅳ.① TS941.12

中国版本图书馆 CIP 数据核字（2021）第 033053 号

责任编辑：孙成成　责任校对：王蕙莹　责任印制：王艳丽

中国纺织出版社有限公司出版发行
地址：北京市朝阳区百子湾东里 A407 号楼　邮政编码：100124
销售电话：010—67004422　传真：010—87155801
http://www.c-textilep.com
中国纺织出版社天猫旗舰店
官方微博 http://weibo.com/2119887771
北京华联印刷有限公司印刷　各地新华书店经销
2021 年 6 月第 1 版第 1 次印刷
开本：899×1194　1/16　印张：10.25
字数：159 千字　定价：198.00 元

敦煌服饰文化研究暨创新设计中心

编委会：王子怡/楚　艳/李迎军/吴　波/张春佳/
崔　岩/谢　静/赵冰清

序一

敦煌石窟艺术是中华文化深沉的文化源泉和丰厚滋养，是中国的，也是世界的人类宝贵文化遗产。

敦煌艺术涵盖了公元 4 世纪至 14 世纪的石窟彩塑和壁画精品。敦煌的文化艺术是中外古老文明交汇的结晶，是丝绸之路沿线各国、各民族宗教、文化、艺术交融的杰出代表，在世界享有很高的知名度和美誉度，是最易于被世界所广泛接受的优质文化资源。

自敦煌被发现以来，对于丝绸之路的研究取得了丰厚的研究成果。但是就目前对于丝绸之路或敦煌文化的研究来看，涉及服饰文化领域的专门化、系列化、系统化研究的很少。所谓敦煌服饰，主要是指以敦煌莫高窟为代表的石窟彩塑、壁画及藏经洞中所呈现的服饰及其染织品（包括服装服饰的造型、材料、色彩、纹样、装饰手法、工艺等）。敦煌宝库中的服饰文化资源极其丰厚，有待进一步发掘和发扬。

况且，对于敦煌服饰文化的研究，决不能仅停留在文化遗产的理论研究方面。根据当代文化发展和产业发展的需要，在深入研究的基础上，对敦煌丰富的服饰文化资源进行还原实践和创新设计，立足传统，服务当代，创意未来，是目前文化发展和产业发展的当务之急。

作为专门致力于丝路和敦煌服饰文化研究、创新设计、传播推广的国际化平台，敦煌服饰文化研究暨创新设计中心整合和发挥各方的力量和资源，对敦煌服饰文化艺术展开了跨文化、跨学科的多维立体的研究。我们中心的全体成员都有一种共识：我们是带着一份情感、一份虔诚、一份敬畏、一份责任来做这份工作的。

对于敦煌艺术的传承与创新，体现了当代中华文化的自信，特别是对于敦煌服饰文化的研究与应用，使敦煌艺术与当代生活相结合，开发既具有敦煌艺术滋养，又具有时代风尚和中国气派的服装设计，满足人们对美好生活的愿望与期待。

随着第三届丝绸之路（敦煌）国际文化博览会的举行，"千年之约——绝色敦煌之夜"也已拉开帷幕。敦煌服饰文化研究暨创新设计中心研究、设计、制作的 20 套艺术再现服饰和 80 套创新设计服装也在开幕式上推出，和大众见面。

希望能够通过我们的努力，再现敦煌服饰文化的魅力，弘扬敦煌文化艺术之美，让敦煌服饰文化焕发生机，走进生活，走进当代，走向世界。

让我们一起努力！

北京服装学院　教授
敦煌服饰文化研究暨创新设计中心　主任　刘元风

序二

　　以敦煌莫高窟艺术为核心的敦煌文化具有无限丰富的内涵，服饰文化就是这个宏大的古代文化博物馆中十分璀璨的珍宝。

　　中国自古以来重视衣冠服饰，服饰文化也是中国文化史中重要的组成部分。随着时代的变迁，千百年来的服装实物遗存极少，给我们认识和研究古代服饰文化带来很多困难。所幸敦煌石窟保存了 4~14 世纪丰富灿烂的壁画，为我们展示了一千年间的社会生活画面，其中不同民族、不同身份人物的服饰，正是中古时期服饰文化的集中体现，也为我们今天汲取古代服饰文化的精华，创造新时代的服饰艺术提供了不竭的源泉。

　　北京服装学院长期以来在刘元风教授的带领下，沿着常沙娜先生等老一辈艺术家的道路，孜孜不倦地钻研敦煌服饰文化，并结合现代服装设计，不断创造出新的服装艺术，取得了一系列可喜的成果。2018 年 6 月，由北京服装学院、敦煌研究院、英国王储传统艺术学院、敦煌文化弘扬基金会四家机构携手创办的"敦煌服饰文化研究暨创新设计中心"正式成立。该中心将综合四方机构的优势，汇集敦煌与丝绸之路文化研究、服饰文化研究、艺术设计、传统技艺、传播推广等各方面的人才与资源，深入开展敦煌服饰文化研究以及当代创新设计和研发，搭建敦煌服饰文化艺术保护研究、文化传承、创新设计、人才培养与交流、社会传播、产业化转化等的国际化学术平台。中心成立伊始，就承担了第三届丝绸之路（敦煌）国际文化博览会的重要任务："千年之约——绝色敦煌之夜"服装展演活动。以敦煌文化为主题，一方面复原古代服装，另一方面则要以敦煌文化为基础设计现代服装。这将是第一次大规模展示敦煌服饰文化研究与创新成果的盛会。服装的设计者既有享誉国内外的服装设计师，也有青年新秀，他们酷爱敦煌文化，用心钻研敦煌服饰文化，同时也富有敏锐的当代设计眼光。从这一系列的服饰新作中，我们可以感受到敦煌文化的浓厚色彩以及当代生活气息。

　　服装设计虽然是时尚艺术，但是如果没有深厚的传统文化底蕴，就不可能走出具有中国特色的服饰艺术道路。敦煌文化的传承与创新，必将有助于推动中国风格服饰艺术的健康发展。当然，对于传统艺术的传承创新是一项浩大而艰巨的工程，这次服装创新展示则是一个新的起点，将启发更多的服饰研究者、设计师砥砺前行。

敦煌研究院　院　长
　　　　　　研究员　赵声良

目录

第一部分 敦煌服饰艺术再现

Part 1 Dunhuang costume art reproduction

敦煌服饰复原研究及造型设计

楚艳 崔岩

　　"敦煌服饰艺术再现"单元选择敦煌石窟历代壁画中具有典型服饰特征的世俗供养人画像为参考，佐以历史文献考证和服饰纺织品文物对比研究，由楚艳和崔岩带领经验丰富的设计团队进行制作和完成，再现了敦煌历代服饰在造型、纹样、色彩方面的艺术面貌和独特魅力。

　　此次"敦煌服饰艺术再现"选择供养人画像为主要参考依据，是因为供养人作为出资或赞助敦煌洞窟开凿、佛教造像和壁画绘制的主体，其画像具有相对的写实性，至敦煌石窟晚期更发展成为壁画的主体内容之一。在形象选取方面，尽量兼顾时代属性、性别特征、身份地位、民族差别等多种维度和层面，从服饰艺术的角度反映敦煌作为丝绸之路重镇所凸显的多元文化融合的历史特质。

　　在深入研究敦煌壁画绘制原貌和历代服装发展史的基础上，团队着重在服装结构解析、纹样整理、面料织造、色彩染制、配饰加工、妆容复原六个方面进行深入挖掘，探索从壁画平面绘制到现实立体再现的接续和跨越，努力在现有条件下多方求证和适当解读，以期达到源于壁画、符合史实的目的，最终呈现出敦煌历代服饰在千年变迁中所形成的丰富而交融的艺术效果。

莫高窟西魏 285 窟北壁女供养人像

莫高窟西魏 285 窟北壁女供养人像

莫高窟初唐 375 窟南壁女供养人像

莫高窟盛唐 130 窟都督夫人礼佛图女供养人像（段文杰临摹）

莫高窟盛唐 130 窟绘有天宝年间的乐庭瑰全家供养像，北壁是乐庭瑰供养像，南壁是乐庭瑰夫人供养像。这幅女供养人画是一壁技艺出众的唐人仕女图。画面上有十二人，走在前列的是都督夫人，画像巨大，身超真人，两鬓抱面，头饰鲜花、宝钿，身穿碧衫红裙，肩披米白色印花帔帛，脚蹬笏头履。其后两个身量略低者是都督夫人的女儿，遍体罗绮，衫裙帔帛，满头珠翠，面饰花钿，小头鞋履，榜题墨书"女十一娘供养"和"女十三娘供养"。两女儿身后是九身奴婢画像，服饰多着男装。这幅供养人礼佛图造型真实，富于生活气息，无论是主人还是奴婢，都是曲眉丰颊、丰肌腻体的特征。这幅供养人画像中的三位女主人身穿的衣裙都非常肥大，和初唐流行的紧身、窄小风格完全不同。

莫高窟中唐 144 窟东壁女供养人像（段文杰临摹）

莫高窟晚唐 9 窟东壁女供养人像　　　　　　常沙娜临摹

榆林窟五代 16 窟甬道南壁曹议金供养像

莫高窟五代 61 窟回鹘公主供养像

勅推誠奉國歸義軍河西隴右伊西庭楼蘭金滿等州節度使檢校太師兼中書令拖西大至蓮郡開國王曹義金夫人北方大迴鵑國聖天可汗的子勅授秦國天公主隴西李氏像冒郡張為太夫民樞

回鶻公主供養像（张大千临摹）

故新婦娘子翟氏供養

新婦娘子閻氏供養

姪女小娘子出適李氏

姪女小娘子出適汜氏

莫高窟五代 98 窟东壁女供养人像（范文藻临摹）

莫高窟五代 98 窟东壁南侧于阗国王李圣天供养像　　　　　　莫高窟五代 98 窟东壁南侧于阗皇后供养像

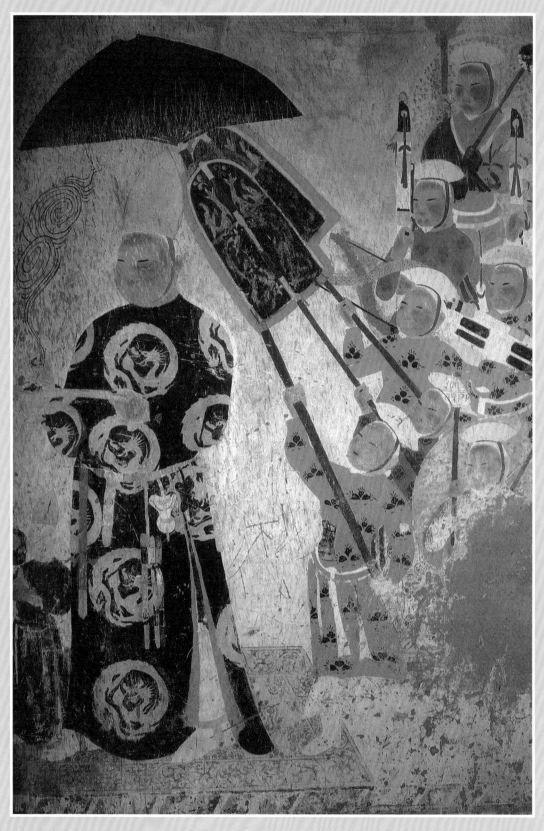

莫高窟沙州回鹘 409 窟回鹘王供养像

崔岩
设计师 / 访谈

"从文化的角度来看，
我认为设计本身是传统和现代、世界和民族、群体和个性的互动与对话，
作为设计师最关键的一条就是将各种要素有机、融洽地整合在一起，
使富含文化底蕴的设计产品经得起时间考验。"

崔岩，北京服装学院敦煌服饰文化研究暨创新设计中心助理研究员。2018 年毕业于北京服装学院，获博士学位；研究方向为中国传统服饰设计创新研究；曾出版《敦煌五代时期供养人像服饰图案及应用研究》（专著）、《红花染料与红花染工艺研究》（合著）、《常沙娜文集》（合著）等。

1.敦煌对于您来说意味着什么？

我对敦煌最初的印象，是来自小时候非常喜欢看的那部上海美术电影制片厂制作的动画片《九色鹿》。当时还是孩童的我觉得富有敦煌特色的造型、色彩和构图非常新鲜。真正与敦煌艺术结缘，是我作为清华大学美术学院染织服装艺术设计系的在读硕士生参与2005年12月在清华大学美术学院举办的《中国敦煌历代装饰图案绘制整理原稿展》的布展工作，第一次见到仰慕已久的常沙娜老师，第一次近距离接触大量精美的敦煌图案绘制整理原稿，自此心中埋下了进一步认识和深入研究敦煌装饰艺术的期许和热望。

从那时起，我就开始对敦煌历代装饰图案展开系列化研究和创新运用，并多次赴敦煌实地观摩学习。通过参与常沙娜老师主持的"北京市哲学社会科学十一五规划项目"——中国敦煌历代装饰图案研究（续编）（2006—2013）、中国香港志莲净苑"敦煌盛唐彩塑再现"（2007—2010年）等项目，深化了对敦煌图案艺术和功能的认识。为了结合当代生活需要，全面深入研究敦煌服饰图案和创新设计，2015年我考入北京服装学院攻读博士学位，针对敦煌五代时期供养人像服饰图案和应用进行研究。所以，敦煌对于我来说，不仅仅是初见的激动和热情，更多的是在无止境的学习和沉淀中不断获得艺术感悟与提升设计能力的坚持。

2.您的灵感来源是什么？

此次我和楚艳老师一起负责"敦煌服饰艺术再现"版块。这一单元选择敦煌石窟历代壁画中具有典型服饰特征的二十身（组）世俗供养人画像为依据，佐以历史文献考证和服饰纺织品文物对比研究，希冀在造型、纹样、色彩方面再现敦煌历代服饰的艺术面貌和独特魅力。由于供养人作为出资或赞助洞窟开凿、佛教造像和壁画绘制的主体，画像具有相对的写实性，所以我们在形象选取方面尽量兼顾时代属性、性别特征、身份地位、民族差别等多种维度和层面，反映敦煌作为"丝绸之路"重镇所凸显的多元文化融合的历史特质。同时，我们也在服装结构解析、纹样整理、面料织造、色彩染制、配饰加工、妆容复原六个方面进行深入挖掘，探索从壁画平面绘制到现实立体再现的接续和跨越，努力多方求证和适当解读，以期达到源于壁画、符合史实的历史真实性，最终呈现出敦煌历代服饰艺术在千年演变中形成的独特魅力。

3.您的设计理念是什么？

从文化的角度来看，我认为设计本身是传统和现代、世界和民族、群体和个性的互动与对话，作为设计师最关键的一条就是将各种要素有机、融洽地整合在一起，使富含文化底蕴的设计产品经得起时间考量。我十分欣赏和赞同先秦时期《考工记》一书对中国传统造物法则的总结："天有时，地有气，材有美，工有巧，合此四者，然后可以为良。"虽然现代设计和传统工艺美术有一些概念上的差异，但是我认为二者在本质上具有很强的趋同性，都体现艺术与科学的共生共存关系。因此，无论是现代设计还是传统工艺美术，其目的和境界都应该是人利用对世界、物质、规律和技术的合理把握来解决相关问题。我在艺术设计中力求按照这样的标准去努力。

第二部分 敦煌服饰创新设计
Part 2 Dunhuang apparel innovation design

"敦煌服饰艺术创新设计"单元则将从敦煌壁画与彩塑中提炼出的"青绿、土红、土黄、褐黑"四种代表色系分别与"九色鹿、飞天、丝路、蜕变"四个主题相对应，分为四个系列。

"青绿·九色鹿"系列由张春佳副教授负责设计。莫高窟257窟中的"九色鹿本生故事画"应该是"如来说法，佛陀本生"的故事画中最广为人知的经典。该系列以敦煌独特的清雅隽逸的青绿色为主色调，以"九色鹿"为纹样主题，从色彩、纹样到款式设计，再到深层的文化表达，都表现了佛教初入敦煌的探索与新生，也表现出魏晋南北朝时期的安静内敛、飘逸不羁、超凡脱俗的时代审美。

"土红·飞天"系列和"土黄·丝路"系列由刘元风教授和楚艳副教授共同负责设计。敦煌壁画中最令人过目难忘、心驰神往的莫过于"青莲开壁上，飞天舞万姿"的天国净土景象。唐代飞天无拘无束、变化多样的动态美，则显示了大唐王朝政治统一、经济繁荣、开放包容、自信从容的时代气息。作为丝绸之路上的重镇，敦煌既是丝路东西文化的承载者，又是丝路跌宕历史的见证人。它既见证了长河落日、大漠孤烟，也见证了中原王朝的成长兴衰，见证了从隋朝初步统一全国的探索创新，再到大唐盛世下的自由包容、百花齐放。该系列服装设计以敦煌独特丰富的土红色和土黄色为主色调，从色彩、纹样、工艺、款式各方面，充分地体现了大唐热烈、蓬勃、雍容的气度，以及在开放包容的背景下，不同文化之间碰撞交流，彼此在不同中寻找平衡，在平衡中逐渐融合的时代风格。服饰搭配也别具一格，自由多变、灵动如飞，深契敦煌壁画飞天满壁、彩练当空的艺术精神。

"褐黑·蜕变"系列由李迎军副教授和吴波副教授负责设计。五代以后至宋元，是敦煌石窟发展的最后阶段。在西夏统治时期，敦煌石窟的图案越发平面化，且图案种类以及组合形式越发丰富，给敦煌石窟带来了新的气息。大一统的元代是敦煌石窟艺术发展的末期，出现了藏密风格的石窟，在色彩方面充分展现密教特色，色彩对比强烈而富有神秘感。该系列服装设计以黑褐色为主，辅之以少量的金、银、土红，将看似单一的黑色幻化出无限丰富的可能，深邃神秘，玄之又玄：材料、工艺、造型和整体设计，抽象、几何、折叠，充满了立体感和未来感，完美地契合"蜕变"这一主题。

第一幕　九色鹿

　　北朝时期，是佛教传入中国的初始阶段，而敦煌，作为丝绸之路联结西域与中原的枢纽，最早接纳了来自印度的佛教文化以及佛教艺术，这时的敦煌石窟，更多是对来自印度的佛教艺术的吸收模仿与消化，形成了具有独特风格的北朝石窟艺术。北朝时期初入敦煌的佛教得以被广泛接受与和本土盛行的魏晋玄学的结合密不可分，这也是外来佛教与本土文化初步交融的表达。在这样的文化前提下，作为莫高窟营建的最初时期——北凉，从洞窟形制到彩塑、壁画方面都体现着强烈的西域风格，反映了外来风格对敦煌初期佛教艺术的高度影响。北魏时期，石窟艺术仍保持浓厚的西域因素，同时壁画创作更加宏大，洞窟的故事画数各时期中最高，尤其 257 窟的九色鹿本生故事画，是这一时代故事画的经典。从故事的构图到图案的色彩，再到深层的宗教表达，展现的是这一时期敦煌地区石窟创作者对于佛教的理解以及对外来文化的吸收与表达，可以从中看到佛教初入敦煌的探索与新生。而在西魏时期，艺术家们开始使用中国式的审美观念、绘画技法来表现佛教艺术，同时保留西域的艺术风格，对于文化融合的探讨，充分地展现在石窟之中，石窟艺术呈现生机勃勃的气氛。再到北周，中原风格融入进一步深化，展现于石窟建筑、彩塑、壁画等方方面面。总的来看，北朝时期的敦煌石窟艺术是佛教进入中原地区的初步探索，为佛教艺术的中国化做出了大胆的探讨与尝试。

设计师：张春佳

張春佳
设计师 / 访谈

"将传统元素与当代的生活状态结合起来，
将传统元素以当代视角解读并表现出来，
希望能够在传统与当代文化之间找寻到一种恰当的通道，
这是一个需要设计师不断思考的问题。"

张春佳，北京服装学院服装艺术与工程学院副教授，敦煌服饰文化研究暨创新设计中心研究员，中国敦煌吐鲁番学会理事；1998~2005 年就读于清华大学美术学院服装艺术设计专业，本硕连读；2018 年 1 月毕业于北京服装学院，于中国传统服饰抢救传承与设计创新方向取得艺术学博士学位；目前为敦煌研究院博士后，着重敦煌唐代纹样及设计创新研究，致力于中国传统服饰元素的当代化解读。

1. 敦煌对于您来说意味着什么？

敦煌对于我而言，是圣地。

从本科学习阶段，在母校中央工艺美术学院的学术传统中，敦煌就已经对我们这些学生产生了莫大的影响，无论是一点一滴的设计基础，抑或是传统思想文化的传承。敦煌的庞大和辉煌宛如一座圣殿，每次看到洞窟中精美的壁画和彩塑，心中的幸福都难以言表，语言在这种时刻是贫乏的。还记得第一次到莫高窟——一路上映着朝阳，看着绵延起伏的山岭，那种激动的心情就是朝圣，只是遗憾自己来得太晚。我爱敦煌，我的博士论文《敦煌莫高窟唐代团花纹样形式语言演变特征研究》是针对部分洞窟纹样做的研究，在理论研究的基础上进行一系列服装作品创新设计，希望创新设计作品与理论研究形成一个整体，以设计作品来印证理论研究的部分成果，希望二者形成一种互证关系，从而也使理论研究有一个实践出口。

敦煌是我的福地。

拍摄博士毕业设计作品的过程也让我感触良多。开始拍的时候鸣沙山就开始下雪，很轻薄的小雪，拍摄的过程中雪越下越大，最后漫山遍野都是一片洁白。而模特一步一步地走在沙山上蹚出来的脚印宛如水墨的笔触，这出乎所有人的意料，因为完全没有预料到会遇见敦煌的雪，这种自然的馈赠是后期制作很难达到的，我对敦煌满怀感激。

2. 您的灵感来源是什么？

对于我而言，此次的设计灵感参照单元主题需要，主要来源于莫高窟257窟的《鹿王本生》壁画，以本生故事中的九色鹿形象为基础，将其进行适度的变化，以不同的形式应用在服装设计上，包括面料的印花、织花等，颜色方面取材于北朝时期洞窟的冷色调，如254窟中心塔柱龛楣和背光色彩、257窟山峦河流色彩等——以普兰、群青、石绿为主，混合少量的黑、白、灰无彩色。款式设计方面是希望能够借助一些主观感受，将我个人对北朝洞窟和九色鹿的意象化理解表现出来，整体呈现清灵之气，又希望表达一种寻觅的状态——寻觅丝路中的种种传说……面料以真丝绡和绡缎为主，利用面料的透明和轻盈来实现整体的偏空灵效果。

3. 您的设计理念是什么？

对于古代辉煌的艺术成就，除了无限的敬仰之外，我们这些后辈们在前辈学者研究的基础上，希望能够尽自己的努力将这些灿烂传承下去——无论是理论研究还是创新性的设计实践。将传统元素与当代生活状态结合，以当代视角解读并表现出来，希望能够在传统与当代文化之间找寻到一种恰当的通道，这是一个需要设计师不断思考的问题。此次的设计必须要立足传统，表现北朝石窟的色彩和核心元素以及整体氛围，然而，如何将其更好地与当代文化理念有机地融合起来是我更为看重的，这是对于传统的一种有机的活化传承。

第二幕　飞天

　　隋和唐代前期是敦煌石窟艺术的发展繁盛期。经历多年战乱，最终形成的大一统的中原王朝，统一的政治、繁荣的经济是文化、艺术整合与发展的重要前提，而丝绸之路的畅通，更是加深了敦煌与中原腹地的交流，敦煌也因此迎来了经济和文化艺术兴旺发达的时代。从初创期到繁盛期，敦煌石窟见证了地区与民族间的艺术的融合与发展，而依附于佛教一同传入的飞天艺术则是时期转型的典型代表。

　　敦煌飞天是敦煌石窟艺术中的一个标志性符号，其强大的生命力与独具特色的魅力，对人们追求与期望美好事物有着深刻的影响。初创期的敦煌石窟艺术深受印度与西域风格影响，这一时期的飞天一般被称作"西域式飞天"，整体造型风格质朴。转而到了北魏时期，中原文化与西域文化逐渐融合，飞天受中原文化的影响日渐显露，展现出独属于魏晋南北朝的安静内敛、飘逸不羁、超凡脱俗的时代审美。进入隋朝这个具有承前启后意义的时期，石窟的艺术家们充满探索与创新，将其对于佛教以及中原文化的理解与融合注入对于飞天的表达之中，使其呈现别具一格的时代艺术风貌。再到唐代前期，敦煌石窟艺术与中原艺术关系越发密切，飞天形象发展也走向成熟期，充分融合西域与中原风格，展现无拘无束、变化多样的动态美，体现了大唐王朝对于异域文化的开放包容，以及在开放包容背景下，不同文化之间碰撞，彼此在不同中寻找平衡，在平衡中逐渐融合而形成的时代风格。

设计师：刘元风　楚艳

第三幕　丝路

　　从唐代前期中原王朝开放包容的支持，再到唐代后期的吐蕃、归义军的接连统治，虽然统治阶层发生变动，但相对于唐代后期中原的动荡，敦煌地区相对的政治稳定为其石窟艺术的传承发展奠定了社会基础。在这一时期，敦煌石窟艺术的发展走向成熟，一方面体现在对于不同文化之间平衡的把控、佛教与世俗文化结合的加深、石窟艺术世俗化倾向越发明显；另一方面体现在石窟装饰艺术，彩塑与壁画在保持盛唐风格一致的基础上，在图案方面更具装饰意味，成熟的图案装饰在服饰上展现得尤为丰富多彩。而服饰图案的表现方法上，则更为写实逼真，或展现印花丝绸的细腻质地，或展现织锦纹样经与纬的扎实细密。作为丝绸之路上的重镇，敦煌无疑是丝绸之路发展历史的见证，而敦煌石窟则成了这一跌宕起伏的历史的记录者，它见证了异域艺术融合，更见证了中原王朝的成长，从隋朝初步统一全国的探索创新，再到大唐盛世下的自由包容、百花齐放，敦煌石窟艺术所体现的以唐代为代表的大国自信的精神内涵、美学意蕴，以及其中对于时代性、超乎时代的装饰性以及超乎装饰的审美价值的艺术表达，是值得我们永恒探讨的课题。

设计师：刘元风　楚艳

刘元风
设计师／访谈

"真正好的设计作品是要有内涵和文化品位的，
是需要有历史担当的。"

刘元风，毕业于原中央工艺美术学院（现清华大学美术学院）。北京服装学院前院长、二级教授、博士生导师、敦煌服饰文化研究暨创新设计中心主任、中国服装设计师协会副主席、中国艺术研究院中国设计艺术院研究员。

1. 敦煌对于您来说意味着什么？

我从20世纪70年代末上大学以来，由于我的老师常沙娜先生（七七级入学，常沙娜先生是我们的班主任）的言传身教，对敦煌艺术逐渐有了一定的了解，再后来是喜欢，一直到热爱。这也符合我们对某一件事情去深入学习和研究的一般规律，因为没有人是无缘无故地就热爱上某一件事情。1980年的暑假，有幸参加了常沙娜先生编著的《中国敦煌历代服饰图案》中线描配图的绘制工作，结合常先生之前给我们讲授的敦煌服饰图案课程内容，逐渐对敦煌服饰有了部分的理解，再后来跟随常先生一起去了敦煌莫高窟实地学习和临摹，才真正被敦煌艺术的博大精神所震撼。也越来越体会到：敦煌艺术的发展史也正是一部服饰艺术的发展史。同时，由于从事服装设计专业的教学与研究的缘故，每次要设计新作品时，都自然而然地想起敦煌为主的传统文化、艺术精髓对当下设计的影响作用。记得1986年，我所任教的原中央工艺美术学院（现清华大学美术学院）30年校庆，学校组织了一台时装展演，我们的作品大都运用了传统染织纹样，从手工印染到脚踏缝纫机制作完成各自的作品。1992年，学校组织参加香港时装节时，我的参展作品就是从敦煌服饰图案中汲取的设计灵感。一直到在北京服装学院工作以来，每一次重要的学术研究活动，设计作品也都是从传统文化、民族民间艺术中得到设计启示。

可以说，对于敦煌艺术的长期关注和研究，意味着对于中华民族传统文化特别是服饰文化的热爱，以及对于民族文化本体的一种回归和追寻。有一种说法我觉得很有道理，就是"只有传承得好，才能创新得好。"

2. 您的灵感来源是什么？

我的设计灵感来源于对敦煌艺术的一份情感和一份敬畏，在此基础上再转化为一种传承的责任和创新的使命。有了这种前提，设计思维和设计方式往往会有新的突破。

众所周知，在历代（公元4世纪至14世纪，自十六国至元朝十个历史时期）敦煌莫高窟的壁画和彩塑中，唐代由于社会经济的发达，文化艺术的空前繁荣，是敦煌石窟艺术发展的鼎盛时期，也是佛教文化空前活跃并与当时生活、艺术结合最为紧密的时期。社会的开放，中外文化的交流，表现在服饰上尤为丰富多彩，在服饰的装饰图案中，其单独纹样、适合纹样、二方连续和四方连续纹样都非常精美。在纹样的内容上，从植物图案、动物图案、风景图案到几何图案应有尽有。因此，在此次设计上着力选择了唐代具有典型性的装饰纹样作为设计元素，同时融入当下服饰流行时尚形态，表达其传统服饰文化的当代性，寻找民族文化与现实生活的相互关照。

3. 您的设计理念是什么？

设计理念是将敦煌艺术的精神内涵、美学意蕴与当代设计的形态美感有机融为一体，使之在传承与创新上把握好时代设计的走向，既立足传统，又着力创新。

敦煌被称为东方艺术的宝库，各个相关领域的设计师都可以从中得到设计启示。同时，每一位设计师心目中的敦煌可能是不一样的，对于敦煌艺术的研究是否深入，导致对于敦煌艺术的体会及传承的层次、层面也会有所不同，但无论如何，设计作品中所着力反映和表达的敦煌艺术的高度和深度是不能撼动的。当然，对于设计来讲，真正好的设计作品是要有内涵和文化品位的，是需要有历史担当的。希望此次的绝色敦煌之夜的设计作品，是对敦煌艺术学习和研究成果的又一次新提升。

唐代云纹

晚唐 118窟
女供养人
上衣图案

中唐植物
纹样

衫中盛晚唐
建立功勋

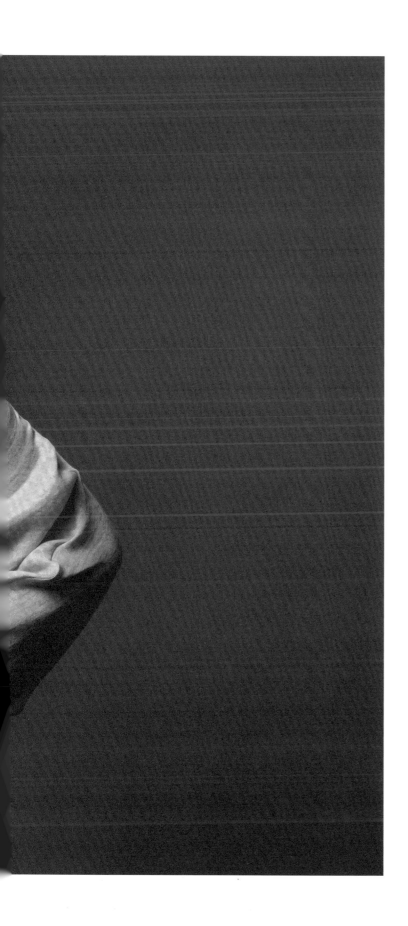

"传统文化艺术的创新都少不了对中国传统文化的传承和其他文化的融合，艺术的生发有着无限多的可能性。"

楚艳
设计师／访谈

楚艳，北京服装学院艺术设计学博士； 北京服装学院服装与艺术工程学院副教授，「楚和听香 CHUYAN」品牌创始人及艺术总监 ，敦煌服饰文化研究暨创新设计中心副主任；致力于推动传统文化艺术在现代生活中的应用，近年来从事中国传统服饰传承与创新的研究与探索，在十多年的设计生涯中曾多次获得国际国内设计类大奖。

1. 敦煌对于您来说意味着什么？

敦煌于我是信仰也是梦境，是寻求灵感的艺术宝库，也是穿越千年的时空隧道，大美不言，亦真亦幻。儿时知道敦煌的所在，全是因为看了一部中日合拍的故事片《敦煌》，那时的"敦煌"，是一个无比遥远、神秘、令人神往而又不可触及的地方。从2008年北京中国美术馆"盛世和光——敦煌艺术大展"带来的视觉与心灵上的震撼，到2012年平生第一次踏上敦煌的土地，才真正感受到她巨大的磁场，感受到什么是信仰的力量。何其有幸也能受到召唤，这些年一点点走近她，探索她，了悟于她，也滋养于她。在这里，遇到了那么多良师益友，给我太多的指引和帮助，一次又一次被坚守在这里的那些大先生们的执着奉献感动、感染。我想，每一个被敦煌召唤而来的人，都会有很深的宿命感，此生如此深的牵绊，定是前世的未了之缘，不问来生，只知这一世于敦煌，是有任务要用心完成的。

2. 您的灵感来源是什么？

作为一个爱上敦煌并行走于丝路的长安人，"敦煌""大唐""丝路"，是我最近几年创作寻宝的重要源泉，灵感随时俯首可拾。此次"绝色敦煌之夜"我负责的是其中"飞天"和"丝路"两个篇章的设计，幸运的是这两个篇章的核心主题"盛世飞天"和"丝路寻迹"也恰是我这几年的研究领域，也在创新设计上做出过许多实验和探索。

我会从研究和复原敦煌莫高窟壁画上的唐代供养人服饰中发掘灵感，从中整理出经典的大唐服饰元素。在保留高腰襦裙、大袖短袄等经典的唐代服制原有形态神韵的基础上，以更现代、更简约的时尚设计手法呈现。当然在这一篇章，色彩也将是最为夺目的，连通中西的丝绸之路就像一条纽带将东西方文化连接起来，作为我国封建时代中最强盛和统治时间最长的王朝之一，唐朝疆域之大，境内民族之多，都是空前的，唐朝服饰色彩不但发扬本民族的特色，还吸收了其他外来文化中的有益成分来扩大和充实自己。唐代通过对本民族及对各国色彩文化的吸收和整理，达到了中国色彩史的巅峰，尤其是唐代敦煌壁画上层晕叠染、变化多样、富丽浓郁的色调，都给我带来许多色彩设计上的灵感。

这些年，我从我国的西安出发，经敦煌、吐鲁番、库车、喀什，再到乌兹别克斯坦、尼泊尔、印度，终抵意大利，沿着千年丝路寻找着东西方文明交融的印迹。寻迹旅程中，往昔丝路上中国、印度、阿拉伯地区、古希腊和古罗马文化交相辉映，交互融汇，其中千丝万缕的线索令我深深着迷，古丝路上各国家、各民族绚烂的异域服饰、延续至今的中国文化与异质文化间相生相依、相汇相化的发现和思考，也同样给我的创作带来许多启发和灵感。

3. 您的设计理念是什么？

任何文化艺术的创新都少不了对中国传统文化的传承和其他文化的融合，在大唐盛世绚丽多姿的服饰中我们不仅感受到唐代的文化艺术魅力，还让我们看到大唐与周边多国之间的联系，它们的相互交融构筑了唐代最丰富多样的服饰，这种立足于传统服饰文化、采百家之长、开放包容地吸纳异域文化精华的设计理念值得我们今天继续借鉴和学习。

面对敦煌艺术，面对中国艺术传统，可以发现，艺术的生发有着无限多的可能性。中国传统文化的核心理念是"和"，"和而不同""以和为贵"，尊重和正视彼此间的差异、力求在不同中寻找平衡，一直以来都是中华民族处理人际关系、家国关系、人与自然关系的准则。"和"在几千年中国服饰的演变过程中也是我们对不同文化、不同审美所秉持的开放包容所带来的多样性的服饰之美。

未来，中国服饰向世人展现的中国美，绝不是能够概括成独立的、绝对的唯一之美，因为那样的美似乎带有终极的、完成的、静态的意味。按照中国的哲学观念，富有生命力的并不是阴和阳的融合，而是它们在对立统一之中所产生的生生不息的生命力量。盛世飞天、寻迹丝路、问道东西，敦煌的文化探索与创新实践仍在继续，最终一定会形成一场东方与西方、传统与现代、古今中外丝路文明在当代时尚的文化撞击。

第四幕 蜕变

　　五代以后，是敦煌发展的最后阶段。归义军统治时期，敦煌石窟营建风格仍与晚唐保持一致，这一时期供养人的画像是窟中表现最为精致的部分，由此我们可以得到这一时期服装以及审美的第一手资料。之后在西夏统治下，石窟图案装饰变得越发图案化、平面化，且图案种类以及组合形式越发丰富，给敦煌石窟带来了新的气息。"大一统"的元代是敦煌石窟艺术发展的末期，藏密风格石窟出现在这一时期，虽然装饰图案延续西夏以来的装饰纹样，但在色彩方面充分展现密教特色，色彩对比强烈而富有神秘感，给敦煌石窟艺术发展提供了融汇新艺术风格的契机。五代以后的敦煌石窟艺术虽向程式化和图案化的方向发展，但其中较高的艺术水平以及不同艺术风格的融合，为敦煌石窟艺术的发展史画上了完满的句号。

　　古代丝绸之路在元代以后逐渐没落，但并不代表这一沟通中西文化交流的历史长廊就此消失，自2013年以来，"一带一路"倡议让我们看到了丝路发展的新方向，而敦煌作为曾经的丝路重镇，在如今的政策指导下，从西北小镇蜕变为世界关注的焦点。敦煌石窟是敦煌的标志，其中展现的不仅仅是历史的发展脉络，更是中西文化交流的无限可能，其超越宗教的艺术价值值得更加深入的挖掘和学习。因此，依托于敦煌石窟艺术的文化传承和创新成为了其中不可或缺的部分。而作为时代文化传承现象的外化表达，服装对于敦煌石窟艺术的挖掘、继承、创新无疑是展现其时代价值的一个重要方面，我们通过挖掘其中的文化、艺术表达，来继承包容开放的内核，通过继承丝绸之路千年的积累，来创新属于我们的当代服饰文化，来丰富敦煌石窟艺术的当代价值。

设计师：李迎军　吴波

李迎军
设计师／访谈

"世事纷繁，
不要痴迷斑斓的假象，
不浮躁、不张扬，
娓娓道来的力量可以更加强大。"

李迎军
设计师／访谈

李迎军，艺术学博士；清华大学美术学院副教授、博士生导师，中国流行色协会理事，时装艺术国际同盟常务理事委员，中国服装设计师协会会员，法国高级时装协会学校访问学者。

1. 敦煌对于您来说意味着什么？

上中学时，敦煌是历史课本里的一段"枯燥"的文字。考大学时，口试的专业老师恰好问到了敦煌，于是牢记在心的那段文字帮助我顺利进入了中央工艺美术学院。进到大学才发现，敦煌不仅是学院的老师、艺术家、设计师们的创作源泉，更是院长常沙娜先生穷尽一生致力研究的事业。

古道西风、长河落日、危崖悬窟、别有洞天，大学时期种下的向往的种子逐渐滋生，亲赴敦煌成为心里积藏许久的愿望——至今还清晰地记得第一次去敦煌的心情，当大巴车沿着公路开向连绵起伏的鸣沙山时，一种朝圣的激动让我兴奋不已。然而，让我意外的是，当身处闪耀着璀璨艺术光辉的莫高窟千佛洞里的时候，内心反而感觉到无比安静平和。天地有大美而不言，敦煌的灿烂竟是如此醇正敦厚，于是，我开始尝试以最为平和的心态与手法，来表现这个带给我无限创作激情的古代文明——这就是之前的"禅定"系列。在此后的每一次设计实践中，敦煌的博大敦和始终在告诫我——世事纷繁，不要痴迷斑斓的假象，不浮躁、不张扬，娓娓道来的力量可以更加强大。

2. 您的灵感来源是什么？

我一直痴迷敦煌艺术的魏晋风骨。与唐的雄浑丰满、端庄华丽不同，魏晋的安静内敛、飘逸不羁更加超凡脱俗、独树一帜，尤其是壁画中的飞天。飞天的形象遍及各窟的壁画，在敦煌共有四千多身，魏晋时期的飞天别具一格，无论是前期造型的粗犷雄浑，还是后期的轻盈飘逸，都堪称魏晋风格的典范。这一次在"绝色敦煌之夜"的服装设计的确是一次难得的回归，魏晋飞天是此次凭借着设计向敦煌致敬的载体，当年的飞天将穿越千年在今世的敦煌再次云气漂流、御风飞翔。

3. 您的设计理念是什么？

悠久博大的敦煌艺术不仅只属于历史，在今世仍然具有旺盛的生命力。而且，敦煌艺术纵横东西、融汇古今，对当代社会的贡献也一定是丰富多元且是世界性的。作为敦煌文化研究者与服装设计师，我更关注国际化视角下的敦煌艺术在当代设计中的显现形式，努力通过设计实践探究敦煌艺术的国际化价值，在西方审美与造型主导国际服装流行的大环境下，向世界传达中国的传统艺术气质与当代设计智慧。

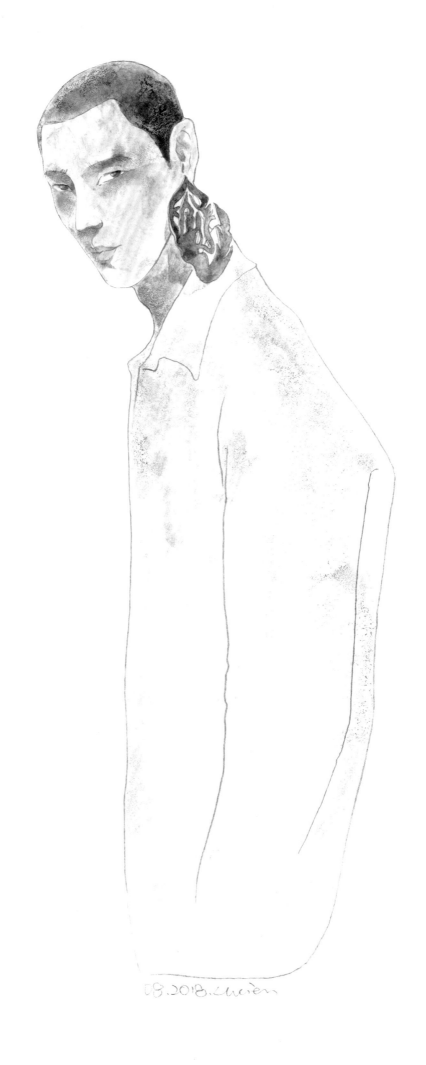

08.2018.Lucien

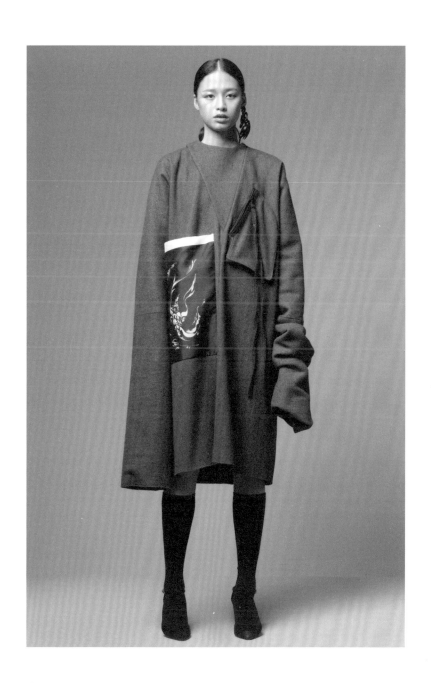

吴波
设计师 / 访谈

"我想循由时光荏苒的轨迹去寻求敦煌蜕变的过程，
希望服装设计中有敦煌写经、曲子词等除了壁画、雕塑形象之外更丰富的感觉，
来表达我心目中的'敦煌意象'。"

吴波，清华大学美术学院长聘副教授、博士生导师、实验室主任；教育部博士论文评审专家；全国高校艺术教育专家联盟主任委员；山东省非物质文化遗产研究中心研究员；敦煌服饰文化研究暨创新设计中心研究员；致力于服装设计发展方向与传统服饰文化研究，并跨界装置、纤维、绘画等艺术创作。

1. 敦煌对于您来说意味着什么？

敦煌，这沙洲中的佛国，曾经林木葱茏、湖月掩映、鸟兽衍育、万邦汇集。

跨越千年的敦煌，斑驳、沧桑不掩瑰丽、端庄的容颜，是梵音袅袅、佛光普照的琉璃世界，是极尽世间一切的物质繁华，亦无法比拟的灵魂天堂。

她的美，已经超脱物象的限制，博约、宏大、包容，纯化为一种信仰。敦煌的世界，有她自己的光感和色系，辞藻与韵律，范式与格调，吸引着一代代美的朝圣者，从不同的角度去解读、吟咏、摹绘……历久弥新。

2. 您的灵感来源是什么？

首先是图案。敦煌壁画有许多图案，这些富有秩序感的形式，是古人对这个变化多彩世界的一种智慧的概括。具体到敦煌的藻井等常见的几何图案的变化，饱满的线条所形成的张力，以及在千佛中比较抽象的佛陀形象让我着迷。大量几何纹样、植物纹样中，色彩、线条、形象十分概括凝练，纵横往复之间，看似相同的元素，其实均有细微的差异，那是画工手工描绘的结果。我注意到这种有机重复中的变量部分是最有意思的，可以消解机器化大生产中机械单调复制的无趣。其次，那些经过时间的沉淀，在敦煌壁画中留下的岁月痕迹也成为我设计灵感的一部分。敦煌的厚重感是现当代作品中很难模仿的，我想在设计中融入时光荏苒的感觉，不要什么东西都是那么新，而是要有斑驳、有烟熏变化的味道和质感，循由时间的轨迹去寻求敦煌蜕变的过程，更好地讲述敦煌故事。

3. 您的设计理念是什么？

蜕变系列中，有一部分表达的是我对敦煌藻井图案的理解，我感觉那二维平面的构成，所表现的是一种理想的立体空间，我的作品呈现出平面到立体之间的切换，在传统中式平面剪裁与西式立体裁剪结合的造型中，就是对这种空间概念的还原和延伸。还有，具象到抽象之间的变化是我一直喜欢沿用的设计语言，从材质、图案出发，通过折叠、印压、复合、褪色等手段，在保持物料相对完整的前提下，完成对人体塑型的需要，并保持材料的特性，使其物尽其美。

我强调敦煌文化的内涵，除了宗教的底色之外，敦煌的书法、绘画、诗歌及人文地理都在我的考虑之中。我希望服装设计作品中有敦煌写经、曲子词等除了壁画、雕塑形象之外更加丰富的感觉，来表达我心目中的"敦煌意象"。

摄影 / 画册设计：陈大公

第一部分　敦煌服饰艺术再现
男模：吴治涛 / 罗智毅
女模：李玮萱 / 刘家彤 / 李显辉 / 王艺璇 / 马祯艺 / 宋威葳 /
　　　张翼鸥 / 朱震宇 / 曲若萌 / 常纳 / 方圆 / 刘宇佳 / 修子宜
化妆与造型：杨树云 / 蓝野 / 周鹏 / 王卫艳

第二部分　敦煌服饰创新设计
女模：徐静怡 / 刘文婧 / 韩馥蔓
男模：张旭东 / 王斐然
化妆与造型：张永晶 / 王文涛

摄影 / 画册设计：陈大公

第一部分　敦煌服饰艺术再现

男模：吴治涛 / 罗智毅

敦煌服饰文化研究暨创新设计中心简介

  2017 年 8 月 24 日，由敦煌研究院、英国王储传统艺术学院、敦煌文化弘扬基金会、北京服装学院四家机构共同成立建设"敦煌服饰文化研究暨创新设计中心"合作备忘录签约仪式在敦煌研究院举行。敦煌研究院院长王旭东、副院长赵声良、美术研究所所长侯黎明、敦煌学信息中心主任张元林、文献研究所所长陈菊霞、考古研究所所长张小刚、办公室主任程亮、美术研究所副所长马强、科研处副处长李国，英国王储传统艺术学院中国代表胡新宇，敦煌文化弘扬基金会发起人王胤博士、顾问何来香、秘书长陈丹，北京服装学院院长刘元风、副院长贾荣林、党政办公室主任肖寒、王子怡教授、楚艳副教授等嘉宾和领导出席仪式，原中央工艺美术学院院长常沙娜先生见证了签约仪式，敦煌研究院副院长张先堂主持仪式。四家机构的负责人和代表共同签署了"敦煌服饰文化研究暨创新设计中心合作备忘录"。

  英国伦敦当地时间 2017 年 12 月 7 日，敦煌研究院院长王旭东、英国王储传统艺术学院院长海罗德·奥马尔·阿扎姆、北京服装学院党委书记马胜杰、敦煌文化弘扬基金会发起人王胤博士共同签署了"敦煌服饰文化研究暨创新设计中心战略合作框架协议"。我国及英国多位领导人出席了签字仪式。

  2018 年 6 月 6 日，敦煌服饰文化研究暨创新设计中心在北京服装学院挂牌成立，2020 年 1 月 6 日，在敦煌研究院美术所揭牌。

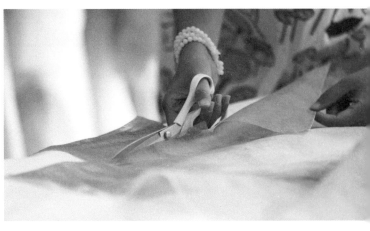

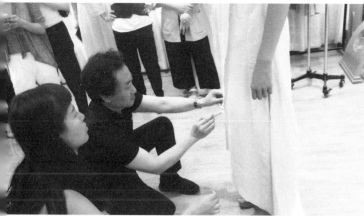

敦煌服饰文化研究暨创新设计中心